Die edition dino ist eine wissenschaftliche Buchreihe der Merckle GmbH, Blaubeuren, die sich mit aktuellen Ergebnissen aus der Forschung beschäftigt.

Springer Fachmedien Wiesbaden GmbH

Atherogenität
der Triglyceride

Prof. Dr. P. Schwandt, Dr. W. Fuchs

Atherogenität der Triglyceride

Symposium Mai 1991,
Schloß Fuschl

Mit Beiträgen von:
Prof. Dr. P. Schwandt
Prof. Dr. G. Assmann
Prof. Dr. H.-U. Klör
Prof. Dr. D. Sailer
Prof. Dr. G. Wolfram
Priv.-Doz. Dr. W. O. Richter

Die Deutsche Bibliothek - CIP-Einheitsaufnahme

Atherogenität der Triglyceride: Symposium - Mai 1991 Schloß Fuschl
Hrsg.: P. Schwandt; W. Fuchs. Mit Beitr. von P. Schwandt . . . - Braunschweig;
Wiesbaden; Vieweg, 1992
  ISBN 978-3-663-05259-3   ISBN 978-3-663-05258-6 (eBook)
  DOI 10.1007/978-3-663-05258-6
NE: Schwandt, Peter (Hrsg.)

Herausgeber: Prof. Dr. P. Schwandt, Dr. W. Fuchs

Die Wiedergabe von Gebrauchsnamen, Handelsnamen, Warenbezeichnungen usw. in diesem Buch berechtigt auch ohne besondere Kennzeichnung nicht zu der Annahme, daß solche Namen im Sinne der Warenzeichen- und Warenschutzgesetzgebung als frei zu betrachten wären und daher von jedermann benutzt werden dürfen.

Alle Rechte vorbehalten.
© Springer Fachmedien Wiesbaden 1992
Ursprünglich erschienen bei Friedr. Vieweg & Sohn Verlagsgesellschaft mbH,
Braunschweig/Wiesbaden 1992

Das Werk einschließlich aller seiner Teile ist urheberrechtlich geschützt. Jede Verwertung außerhalb der engen Grenzen des Urheberrechtsgesetzes ist ohne Zustimmung des Verlages unzulässig und strafbar. Das gilt insbesondere für die Vervielfältigungen, Übersetzungen, Mikroverfilmungen und die Einspeicherung und Verarbeitung in elektronischen Systemen.

Herstellung: Gütersloher Druckservice GmbH, Gütersloh

ISBN 978-3-663-05259-3

Inhaltsverzeichnis

Referentenverzeichnis 7

Vorwort 9

Einführung und Überblick 11
Prof. Dr. P. Schwandt

Risikofaktor Hypertriglyceridämie im Spiegel epidemiologischer
Studien 16
Prof. Dr. G. Assmann

Hypertonie und Triglyceride 22
Prof. Dr. H.-U. Klör

Diabetes und Triglyceride 29
Prof. Dr. D. Sailer

Ernährung bei Hypertriglyceridämie 36
Prof. Dr. G. Wolfram

Medikamentöse Therapie der Hypertriglyceridämie 41
Priv.-Doz. Dr. W. O. Richter

Referentenverzeichnis

Prof. Dr. P. Schwandt, Leiter der Stoffwechselabteilung, II. Medizinische Klinik Universitätsklinikum Großhadern der Ludwig-Maximilian-Universität München Marchioninistraße 15, 8000 München 70

Prof. Dr. G. Assmann, Institut für Klinische Chemie und Laboratoriumsmedizin Westfälische Wilhelms-Universität Münster, Albert-Schweitzer-Straße 33, 4400 Münster

Prof. Dr. H.-U. Klör, Zentrum für innere Medizin, Universität Gießen, Rodthohlstr. 6, 6300 Gießen

Prof. Dr. D. Sailer, Leiter der Abteilung für Stoffwechsel und Ernährung, Medizinische Klinik I mit Poliklinik, Universität Erlangen-Nürnberg, Krankenhausstraße 12, 8520 Erlangen

Prof. Dr. G. Wolfram, Institut für Ernährungswissenschaften der Technischen Universität München, 8103 Weihenstephan

Priv.-Doz. Dr. W. O. Richter, II. Medizinische Klinik, Universitätsklinikum Großhadern der Ludwig-Maximilian-Universität München, Marchioninistraße 15, 8000 München 70

Vorwort

In dem vorliegenden Buch, das anläßlich des Symposiums „Atherogenität der Triglyceride" im Mai 1991 auf Schloß Fuschl entstand, werden alle Aspekte der Epidemiologie, Diagnostik und Therapie bei erhöhten Triglyceridwerten zusammengefaßt.

Eine Erhöhung der Triglyceridspiegel im Rahmen einer Fettstoffwechselstörung wird häufig in Verbindung mit anderen Erkrankungen, wie Hypertonie und Diabetes, beobachtet. Aus diesem Grund ist die Atherogenität für die Patienten von besonderer Bedeutung.

Das Buch gibt einen Überblick über den neuesten Stand der Erkenntnisse von Zusammenhängen zwischen Pathophysiologie und Diagnostik, die bis vor kurzer Zeit weitgehend unbeachtet blieben und teilweise unbekannt waren. Begriffe wie das „metabolische Syndrom" haben erst in jüngster Vergangenheit für Schlagzeilen und Aufmerksamkeit in den Fachkreisen gesorgt.

Besonderer Wert wird auf den ganzheitlichen Therapieansatz bei der Behandlung dieser Fettstoffwechselstörungen gelegt, da neben der medikamentösen Therapie, die vornehmlich mit Fibraten durchgeführt wird, richtige Ernährung und Bewegung eine entscheidende Rolle spielen.

Dr. Wolfram Fuchs

Blaubeuren, im Oktober 1991

Einführung und Überblick

Prof. Dr. P. Schwandt

Jeder praktizierende Arzt kennt den adipösen Patienten mit Hypertonie, diabetischer Stoffwechsellage und hohen Blutfetten. Dieses verbreitete Krankheitsbild und die dabei bestehenden Interaktionen zwischen den einzelnen Krankheitsbildern faßt man heute als Syndrom X oder metabolisches Syndrom zusammen. Hinter diesem Syndrom versteckt sich oft die bundesdeutsche Todesursache Nummer eins, die Arteriosklerose mit ihren weitreichenden Folgen.

Jeder zweite Bundesbürger stirbt an Arteriosklerose

In jedem Jahr sterben etwa 160 000 Menschen allein in den alten Bundesländern an Herzinfarkt oder Schlaganfall, beides klinische Folgen der Arteriosklerose. Das heißt: Jeder zweite Bundesbürger stirbt an Herz-Kreislauf-Erkrankungen, mehr als doppelt so viele wie an Krebs (27 %), gefolgt von Erkrankungen der Atmungs- (6 %) und der Verdauungsorgane (5 %) sowie Unfällen (3 %).
Doch auch volkswirtschaftlich ist die Arteriosklerose von großer Bedeutung. Man schätzt, daß in der Bundesrepublik Deutschland jährlich etwa 45 Milliarden DM für die Behandlung und die Folgen von Herz-Kreislauf-Erkrankungen ausgegeben werden. Ein großer Anteil dieser Summe entfällt dabei auf den entstehenden Verlust an Bruttosozialprodukt.

Mehr Prävention: Politik ist gefordert

Bei den volkswirtschaftlichen Kosten, die durch Herz-Kreislauf-Erkrankungen verursacht werden, muß man bedenken, daß 97 % unserer Gesundheitskosten für therapeutische Maßnahmen aufgewendet werden, jedoch nur drei Prozent für die Prävention. Das Gesundheitssystem ist langfristig sicher so nicht finanzierbar, es sei denn, eine Verlagerung zugunsten der Prävention findet

Einführung und Überblick

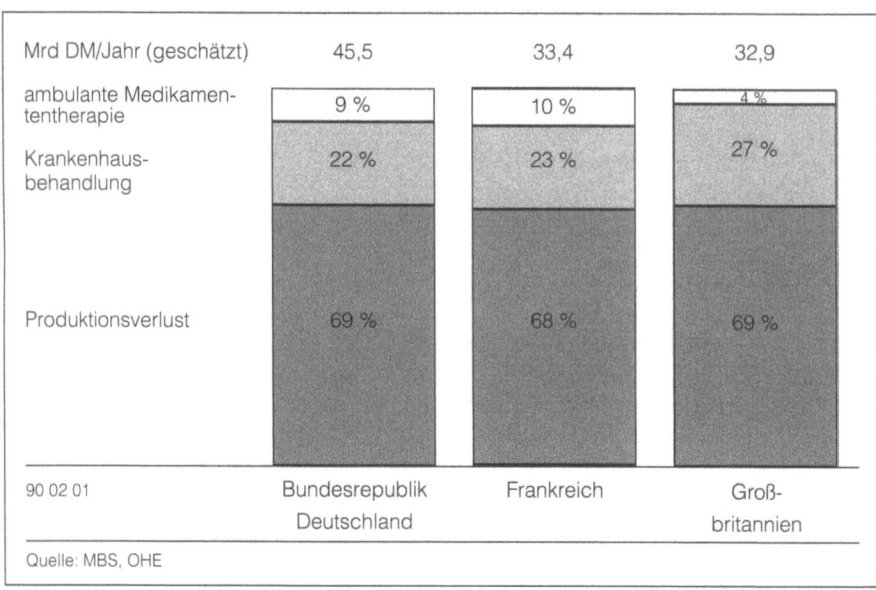

Abb. 1: Kosten durch Herz-Kreislauf-Erkrankungen

statt. Hier sind nicht nur die Ärzte und die Industrie, hier ist vor allen Dingen die Politik gefordert.
Die Frage nach der Gesamtzahl derjenigen, die an Arteriosklerose erkrankt sind, kann derzeit nicht beantwortet werden, da nur eine Mortalitäts-, jedoch keine Morbiditätsstatistik geführt wird. Wir wissen, daß es Jahrzehnte dauert, bis ein zunächst gesundes Gefäß immer mehr verengt wird, aber es sind oft nur wenige Minuten, bis es durch thromboembolische Ereignisse zum Infarkt kommt.

Ziel: Identifikation von Hochrisikogruppen

Ganz besonders wichtig ist, daß viele Patienten trotz erheblicher Lumeneinengung ohne Symptome sind: Sie haben keine Angina pectoris, das Belastungs-EKG und die Thalliumszintigraphie sind zumeist unauffällig. Erst wenn man eine Koronarangiographie durchführt, stellt man fest, daß eine Gefäßkrankheit vorliegt. Eine besondere Herausforderung für die Präventivmedizin besteht darin, Wege aufzuzeigen, die es möglich machen

Ziel: Identifikation von Hochrisikogruppen

Ursachen ICD-9:	Alle 390-458	Herz-Kreislauf-Erkrankungen 410-414*	430-438
Ungarn	+33,8	+29,5	+38,6	+53,8
Finnland	−25,0	−27,5	−23,0	−35,2
DDR	−3,1	−0,6	+21,1	+48,1
USA	−27,3	−38,8	−48,6	−55,1
BRD	−24,1	−19,5	−9,3	−42,1
Schweden	−8,3	−6,4	−2,5	−26,3
Japan	−36,2	−51,7	−38,8	−66,8

*koronare Herzkrankheit

Quelle: World Health Stat Q 1988; 41 : 155-168

Abb. 2: Prozentuale Veränderungen der altersentsprechenden Mortalitätsraten bei 30 – 69jährigen Männern in ausgewählten Ländern, Zeitraum 1970 – 1985

in der Gesamtpopulation die Hochrisikopatienten für die koronare Herzkrankheit zu identifizieren.
Mit der Arteriosklerose ist bekanntlich eine Reihe kardiovaskulärer Risikofaktoren assoziiert, die ineinander greifen und sich in ihrer Wirkung nicht nur addieren, sondern sogar potenzieren. Dazu gehören insbesondere Hypercholesterinämie, Zigarettenrauchen, Hypertonie, Diabetes mellitus, Hyperurikämie und Adipositas.
Daß über die Verminderung der Risikofaktoren eine Senkung der durch Arteriosklerose verursachten Sterberate durchaus möglich ist, zeigen Ländervergleiche sehr eindrucksvoll. Betrachtet man beispielsweise die KHK-Toten von 1970 bis 1985 in den USA, der BRD und der DDR, fällt für das Gebiet der ehemaligen DDR eine Zunahme an KHK-Toten von 21 Prozent auf. In der alten Bundesrepublik hingegen ist für den gleichen Zeitraum eine Senkung von 9,3 Prozent festgehalten worden, in den USA sogar eine Verringerung um 48,6 Prozent (Abb. 2). Gerade in den Vereinigten Staaten gab und gibt es Programme gegen Adipositas, Rauchen, Hochdruck sowie das „National Cholesterol Education Program".
Die Todesursache „Arteriosklerose" ist nur in den wenigsten Fällen genetisch bedingt, Ursache ist vielmehr zumeist menschliches Fehlverhalten wie falsche Ernährung, Genußmittelmißbrauch und Bewegungsmangel.
Aus kontrollierten Untersuchungen wissen wir, daß bereits geringe Erhöhun-

gen beim Cholesterin und beim Blutdruck mit einer Zunahme der KHK-Mortalität korrelieren. In neuerer Zeit tauchen immer wieder Berichte auf, nach denen ein zu niedriger Cholesterinwert gefährlich sei, weil dann eine höhere Mortalität zu beobachten wäre. Hier handelt es sich jedoch um andere Ursachen wie z. B. die Malignome, da Krebspatienten häufig niedrige Cholesterinwerte aufweisen.

Hypertriglyceridämie: eigenständiger Risikofaktor für den Infarkt

Während die zentrale Bedeutung der Hypercholesterinämie durch verschiedene Studien (Framingham, PROCAM) deutlich herausgearbeitet wurde, ist die Rolle der Hypertriglyceridämie - als eigenständiger Risikofaktor - in der Literatur derzeit noch umstritten. Experimentell allerdings konnte bereits gezeigt werden, daß die triglyceridreichen Very low density lipoproteins (VLDL) das Endothel beschädigen können. Solche VLDL-Konzentrationen schädigten bis zu 60 Prozent der in Kultur gehaltenen Endothelzellen bereits in Konzentrationen, wie man sie auch im normalen Blutplasma findet.
Epidemiologische Untersuchungen kamen zu dem Ergebnis, daß die Hypertriglyceridämie ein eigenständiger Risikofaktor ist, wenn man den Infarkt als bewiesene Diagnose annimmt (so auch PROCAM). Die Atherogenität der ß-VLDL, die über die Schaumzellenbildung wirken, ist auch bei der Hyperlipidämie Typ III hinreichend belegt.

Hohe Gefährdung durch Hypertriglyceridämie beim Diabetes mellitus

Unumstritten sind aufgrund der engen Verbindung zwischen Glukose- und Fettstoffwechsel die negativen Folgen einer mit Diabetes mellitus assoziierten Hypertriglyceridämie. Der Diabetologe JOSLIN erkannte bereits 1927 ohne große epidemiologische Studien, daß für den Krankheitsverlauf des Diabetikers übermäßiges Fett eine wichtige Rolle spielt - sei es, daß er zu viel mit der Nahrung zu sich nimmt oder zu viel mit sich herumträgt. Zur Zeit werden verschiedene Punkte als Pathomechanismen für die Erhöhung der Triglyceride mit nachfolgender hoher Atherogenität beim Typ-II-Diabetes diskutiert:
- **Hyperinsulinismus,**
- **gesteigerte hepatische VLDL-Produktion,**
- **verminderter TG-Abbau durch reduzierte Lipoproteinlipaseaktivität,**

- **mangelnde Rezeptorbindung glykolisierter Lipoproteine,**
- **Autooxidation der Lipoproteine.**

Aufgrund der vorliegenden erhöhten Gefährdung - über 80 Prozent der Typ-II-Diabetiker sterben nicht im diabetischen Koma, sondern an der Arteriosklerose - gilt bei Diabetologen ein Triglyceridwert von bereits 150 mg/dl als Grenzbereich.

Hypertriglyceridämie: normaler Abbau der Lipoproteine gestört

Darüber hinaus ist bekannt, daß durch eine bestehende Hypertriglyceridämie der normale Abbau der Lipoproteine gestört ist. Hypertriglyceridämische VLDL sind reich an Cholesterinester und werden nur zum kleinen Anteil zu LDL abgebaut. Diese in ihrer Zusammensetzung veränderten Lipoproteine gehen zum überwiegenden Teil über den atherogenen Makrophagen-pathway (Aufnahme durch den Scavenger-Rezeptor). Eine triglyceridnormalisierende Therapie kann damit - unabhängig ob Hypertriglyceridämie als eigenständiger Risikofaktor gesehen wird oder nicht - die Zusammensetzung der Lipoproteine beeinflussen und ihre Verstoffwechselung wieder über den normalen, nicht atherogenen LDL-Rezeptorweg ablaufen lassen (Abb. 3).

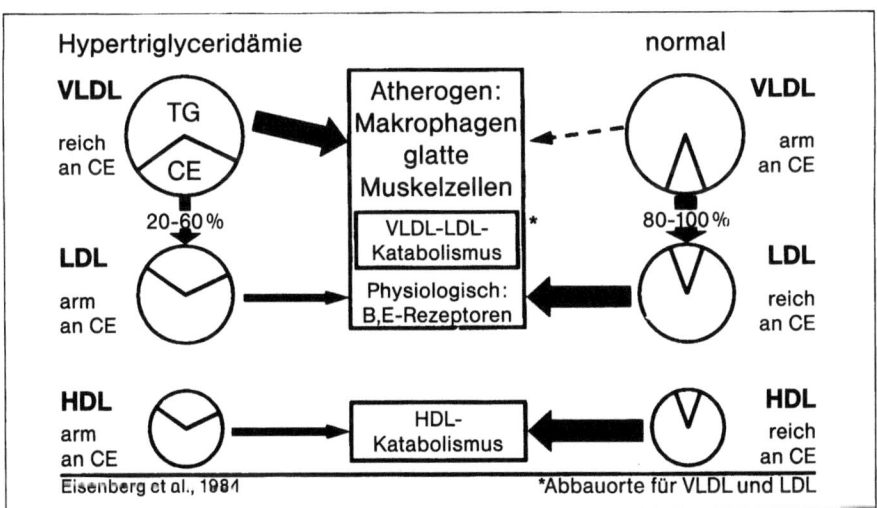

Abb. 3. Veränderung der Lipoproteinzusammensetzung bei Hypertriglyceridämie

Risikofaktor Hypertriglyceridämie im Spiegel epidemiologischer Studien

Prof. Dr. G. Assmann

Seit dem 1. Oktober 1989 besteht die Möglichkeit, Vorsorgeuntersuchungen bei völlig beschwerdefreien Personen jenseits des 35. Lebensjahres durchzuführen. Nach den Ergebnissen der Prospektiven Kardiovaskulären Münster Studie (PROCAM-Studie) ist es überaus sinnvoll, bei einer solchen Untersuchung auch die Triglyceride mitzubestimmen, weil Triglyceridwerte über 200 mg/dl zu den wesentlichen Risikofaktoren gehören, die an dem Ereignis Herzinfarkt partizipieren.

An der PROCAM-Studie, die seit 1979 am Institut für Arterioskleroseforschung an der Universität Münster durchgeführt wird, beteiligen sich mittlerweile über 30 000 Arbeitnehmer beiderlei Geschlechts. Wir messen anläßlich einer solchen Vorsorgeuntersuchung insgesamt 60 Variablen und überprüfen, ob die Ergebnisse, die wir bei der Eingangsuntersuchung erhoben haben, zwischen Teilnehmern, die später einen Herzinfarkt erleiden und solchen, die keinen Infarkt entwickeln, differieren.

60 Variablen - nur neun sind wichtig

Von 60 Variablen, die untersucht werden, haben nur neun in der univarianten statistischen Analyse eine Aussagekraft bei der Unterscheidung zwischen Infarkt- und Nichtinfarktpatienten. Von entscheidender Bedeutung stellte sich dabei das **protektive HDL-Cholesterin** heraus. 64 % aller Patienten, die innerhalb von vier Jahren einen Herzinfarkt entwickelten, hatten anläßlich der Eingangsuntersuchung niedrige HDL-Cholesterinwerte - bei denjenigen ohne Infarkt waren es nur 18 %. Dieser Unterschied ist statistisch hochsignifikant, so daß niedrige HDL-Cholesterinwerte potentiell prädiktiv für die Herzinfarktgefährdung sind. Das gleiche gilt im Prinzip für das Rauchen, die Überhöhung des LDL-Cholesterins, Angina pectoris, Bluthochdruck und familiäre Disposition. Bei der Hypertriglyceridämie wird in der PROCAM-Studie ein Cut-off-Wert von 200 mg/dl gesetzt. Ergebnis: **Die Hypertriglyceridämie ist ein statistisch signifikanter Risikofaktor.**

Tab. 1: *Richtlinien für die Behandlung der Hyperlipidämie*

A Cholesterin 200 - 250 mg/dl Triglyceride < 200 mg/dl	Beurteilung des Gesamtrisikos unter Berücksichtigung von: Familienanamnese bezüglich KHK, Bluthochdruck, Diabetes, männliches Geschlecht, niedriges Alter, Rauchen, niedriges HDL-Cholesterin, z.B. < 35 mg/dl.	Einschränkung der Nahrungsenergie bei Übergewicht, Ernährungsberatung und Korrektur anderer Risikofaktoren, so vorhanden.
B Cholesterin 250 - 300 mg/dl Triglyceride < 200 mg/dl	Bewertung des KHK-Gesamtrisikos wie unter A.	Einschränkung der Nahrungsenergie bei Übergewicht, Anordnung einer lipidsenkenden Kost und Überwachung von Reaktion und Compliance. Bei anhaltend hohem Cholesterinspiegel die Verschreibung eines Lipidsenkers erwägen.
C Cholesterin < 200 mg/dl Triglyceride 200 - 500 mg/dl	Suche nach Ursachen der Hypertriglyceridämie, z.B. Übergewicht, übermäßiger Alkoholkonsum, Diuretika, Betablocker, exogene Östrogene, Diabetes.	Einschränkung der Nahrungsenergie bei Übergewicht, evtl. Ursachen behandeln. Anordnung und Kontrolle einer lipidsenkenden Diät. Überwachung der Cholesterin- und Triglyceridspiegel.
D Cholesterin 200 - 300 mg/dl Triglyceride 200 - 500 mg/dl	Das Gesamtrisiko der KHK wie unter A bewerten, nach Gründen für die Hypertriglyceridämie wie unter C suchen.	Einschränkung der Nahrungsenergie bei Übergewicht, bei Hypertriglyceridämie die Ursachen in Angriff nehmen und gemäß A oder B vorgehen. Eine lipidsenkende Diät anordnen und überwachen. Bei unzulänglichem Ansprechen der Serumlipidwerte und insgesamt hohem KHK-Risiko die Verordnung eines Lipidsenkers erwägen.

E Cholesterin > 300 mg/dl und/oder Triglyceride > 500 mg/dl	Überweisung in eine Lipid- klinik oder an einen Spezia- listen erwägen. Dort Unter- suchung und Behandlung durch Diät, erforderlichenfalls auch durch Medikamente.

Nach G. Assmann. Fettstoffwechselstörungen und koronare Herzkrankheit. MMV Verlag 1991.

Triglyceride und koronare Herzkrankheit

Viele Patienten mit koronaren Herzerkrankungen (KHK) haben hohe Triglyceridspiegel. Sichere Korrelationen bestehen bei der Typ-III-Hyperlipoproteinämie: Chylomikronen-remnants und VLDL-remnants sind hierbei die hochatherogenen Partikel. Von besonderer Bedeutung hinsichtlich einer Hypertriglyceridämie sind Angehörige der Gruppe D nach der Einteilung der Europäischen Consensus Konferenz (Cholesterin 200 - 300 mg/dl, Triglyceride 200 - 500 mg/dl). In diesem Kollektiv der Gesamtbevölkerung ereignen sich die meisten Infarkte. Nicht die isolierte Hypercholesterinämie ist die Hauptursache für den Infarkt - isolierte Hypercholesterinämien sind in der Bevölkerung eine relative Rarität. Das Massenphänomen Herzinfarkt liegt schwerpunktmäßig in der Gruppe D, also in der gleichzeitigen Erhöhung von Cholesterin und Triglyceriden.

Screening Faktor Nr. 1:
Quotient aus Gesamtcholesterin und HDL-Cholesterin

Wenn es um die Frage geht, ob es sich um einen Hoch- oder um einen Niedrigrisikopatienten für den Herzinfarkt handelt, muß in jedem Fall der Quotient aus Gesamtcholesterin und HDL-Cholesterin bestimmt werden. Dabei bedarf ein Quotient über 5 der ärztlichen Aufmerksamkeit. Nach unseren Ergebnissen tritt ein solcher Quotient bei 53 % der erwachsenen Männer auf. Wir hatten im Rahmen der PROCAM-Studie beispielsweise 1 283 Beobachtungen mit einem niedrigen Quotienten, von denen nur elf in vier Jahren einen Infarkt entwickelten. Von 1 469 Beobachtungen mit einem Quotienten über 5 traf dieses jedoch in 62 Fällen zu.

Quotienten aus Gesamtcholesterin / HDL-Cholesterin

		HDL-Cholesterin						
		25	30	35	40	45	50	55	60
Gesamtcholesterin	200	8,0	6,7	5,7	5,0	4,4	4,0	3,6	3,3
	210	8,4	7,0	6,0	5,3	4,7	4,2	3,8	3,5
	220	8,8	7,3	6,3	5,5	4,9	4,4	4,0	3,7
	230	9,2	7,7	6,6	5,8	5,1	4,6	4,2	3,8
	240	9,6	8,0	6,9	6,0	5,3	4,8	4,4	4,0
	250	10,0	8,3	7,1	6,3	5,6	5,0	4,6	4,2
	260	10,4	8,7	7,4	6,5	5,8	5,2	4,7	4,3
	270	10,8	9,0	7,7	6,8	6,0	5,4	4,9	4,5
	280	11,2	9,3	8,0	7,0	6,2	5,6	5,1	4,7
	290	11,6	9,7	8,3	7,3	6,4	5,8	5,3	4,8
	300	12,0	10,0	8,6	7,5	6,7	6,0	5,5	5,0

Das Doppelkriterium „Quotient über 5" und „niedriges HDL-Cholesterin" (unter 35 mg/dl) erfüllen immer noch 19 % der Bevölkerung. Nahezu 10 % hiervon erleiden innerhalb von vier Jahren einen Infarkt. Nimmt man in diese Fragestellung noch die Hypertriglyceridämie auf - also Quotient über 5 bei niedrigem HDL-Cholesterin und Hypertriglyceridämie - dann fällt hierunter etwa jeder zwölfte erwachsene Mann mit einer Infarktrate im Vierjahreszeitraum von über 10 %. Das heißt: Durch die Hinzunahme der Triglyceride kann man die Risikovorhersagewahrscheinlichkeit verbessern. Dieses Vorgehen, die **Dreierbestimmung Gesamtcholesterin, HDL-Cholesterin und Triglyceride**, ermöglicht im Sinne der Hochrisikostrategie mit ganz einfachen Hilfsmitteln solche Personen zu identifizieren, die potentiell mit einem hohen Infarktrisiko behaftet sind.

Hochrisikokollektiv:
Hohe Quotienten und Hypertriglyceridämie

Ein anderes mögliches Vorgehen, wie es z. B. bei der Helsinki-Heart-Study angewendet wird, ist die Bestimmung des Quotienten aus LDL- und HDL-Cholesterin.

Quotienten aus LDL-Cholesterin und HDL-Cholesterin

LDL	HDL 25	30	35	40	45	50	55	60
100	4,0	3,3	2,9	2,5	2,2	2,0	1,8	1,7
110	4,4	3,7	3,1	2,8	2,4	2,2	2,0	1,8
120	4,8	4,0	3,4	3,0	2,7	2,4	2,2	2,0
130	5,2	4,3	3,7	3,3	2,9	2,6	2,4	2,2
140	5,6	4,7	4,0	3,5	3,1	2,8	2,6	2,3
150	6,0	5,0	4,3	3,8	3,3	3,0	2,7	2,5
160	6,4	5,3	4,6	4,0	3,6	3,2	2,9	2,7
170	6,8	5,7	4,9	4,3	3,8	3,4	3,1	2,8
180	7,2	6,0	5,1	4,5	4,0	3,6	3,3	3,0
190	7,6	6,3	5,4	4,8	4,2	3,8	3,5	3,2
200	8,0	6,7	5,7	5,0	4,4	4,0	3,6	3,3

88 % der männlichen erwachsenen Bevölkerung, so die PROCAM-Studie, haben einen Quotienten unter 5, entsprechend 12 % darüber. Lediglich 17 von 1 000 Menschen aus dem ersten Kollektiv erleiden im gewählten Untersuchungszeitraum einen Infarkt, während es im anderen Fall immerhin 90 von 1 000 Probanden sind - beinahe jeder zehnte in nur vier Jahren. Außerdem sind hohe Quotienten aus LDL- und HDL-Cholesterin im Vergleich zu niedrigen Quotienten überproportional häufig mit Diabetes, Hypertension oder beidem assoziiert.

Auch bei diesem Quotienten liefert die zusätzliche Untersuchung der Triglyceride wichtige Zusatzinformationen für therapeutische Konsequenzen. In der Gruppe mit Quotient < 5 bleibt das Infarktrisiko gering, unabhängig ob die Triglyceride tendenziell niedrig oder tendenziell eher hoch liegen. Demgegenüber würden aufgrund der PROCAM-Ergebnisse von 1 000 Personen mit einem HDL-/LDL-Cholesterinquotienten > 5 und Triglyceridwerten > 200 mg/dl in nur vier Jahren 164 einen Infarkt entwickeln: **Hohe Quotienten kombiniert mit Hypertriglyceridämie lassen eindeutig die Zuordnung zum Hochrisikokollektiv zu.**

Einfluß von Medikamentengabe auf die Kollektive

Wie wirkt nun die Medikamentengabe auf die verschiedenen Kollektive? Man sieht, daß bei den niedrigen Quotienten die Infarktinzidenz relativ gering ist - beinahe unabhängig davon, ob die Patienten ein Plazebo oder ein Fibrat bekamen. Wenn dies nach niedrigen und hohen Triglyceridwerten in beiden

Gruppen aufgeschlüsselt wird, ergibt sich, daß für normo- und hypertriglyceridämische Personen kein Unterschied besteht. Dieses Bild ändert sich aber ganz dramatisch in den Unterkollektiven mit einem Quotienten über 5. In der Plazebogruppe bekamen mit diesem hohen Quotienten 67 von 1 000 Leuten in der Beobachtungszeit einen Herzinfarkt, in der Fibratgruppe nur die Hälfte. Der Unterschied ist natürlich hochsignifikant. Das heißt, daß Patienten mit hohen Quotienten ganz eindeutig vom Medikament profitiert haben. Wenn man jetzt diese Daten in der Plazebo- und der Fibratgruppe nach Normo- und Hypertriglyceridämie aufschlüsselt, erkennt man den enormen Vorteil einer medikamentösen Behandlung für die Hypertriglyceridämiker. Nahezu jeder Infarkt, der bei der Helsinki-Heart-Studie vermieden wurde, bezieht sich auf dieses Unterkollektiv der hypertriglyceridämischen Patienten mit hohem Quotienten. Das heißt, daß Medikamente wesentlich in diesem Unterkollektiv einen Sinn haben.

Zusammenfassend kann gesagt werden, daß aus der Sicht epidemiologischer Studien eine medikamentöse Behandlung mit Fibraten bei Hypertriglyceridämien die Morbidität senken kann.

Hypertonie und Triglyceride

Prof. Dr. H.-U. Klör

Die Assoziation von Hypertonie mit Hypertriglyceridämie, abdominell betonter Adipositas sowie Typ-II-Diabetes-mellitus wird immer wieder in prospektiven Studien der koronaren Herzkrankheit gefunden. Diese Konstellation ist in den meisten Studien mit einem sehr hohen Risiko assoziiert, wie jüngst Analysen der Helsinki-Studie und der PROCAM-Studie gezeigt haben. Nach den Ergebnissen der PROCAM-Studie leiden 83 % der Hypertoniker in der besonders gefährdeten Gruppe der 50 - 65jährigen Männer zugleich an Fettstoffwechselstörungen. Die Verknüpfung von Hypertonie, Hypertriglyceridämie und Adipositas ist noch nicht in allen Punkten klar, jedoch gibt es in den letzten Jahren einige Entwicklungen, die interessante Querverbindungen zwischen Fettsäuren und Phänomenen der Blutdruckregulation eröffnen.

Hypertonie und das metabolische Syndrom

Ausschlaggebend für das Entstehen einer essentiellen Hypertonie im Rahmen des metabolischen Syndroms scheint der bei Adipositas häufig gefundene **Hyperinsulinismus** zu sein. Die durch eine große Fettzellenmasse hervorgerufene Insulinresistenz führt zum basalen Hyperinsulinismus, wobei periphere Zellsysteme mit relativ großen Insulinkonzentrationen in Kontakt kommen. Was die Hypertonie anbelangt, so spielt Insulin hierbei insofern eine Rolle, als ein Effekt auf die Niere, im Sinne einer Salz- und Wasserretention, nachgewiesen werden konnte, was dann zum sogenannten Volumenhochdruck führt.
Bei Gewichtsreduktion sinkt die Insulinkonzentration sowie die Konzentration der Lipoproteine sehr stark, gleichzeitig kommt es zu einem Blutdruckabfall und einer Natriurese. Diese Phänomene sind aller Wahrscheinlichkeit nach über den Hyperinsulinismus miteinander gekoppelt.
Außerdem ist bekannt, daß Insulin in hoher Konzentration zur **Proliferation glatter Muskelzellen** der Arterien führt. Dies könnte den muskulären

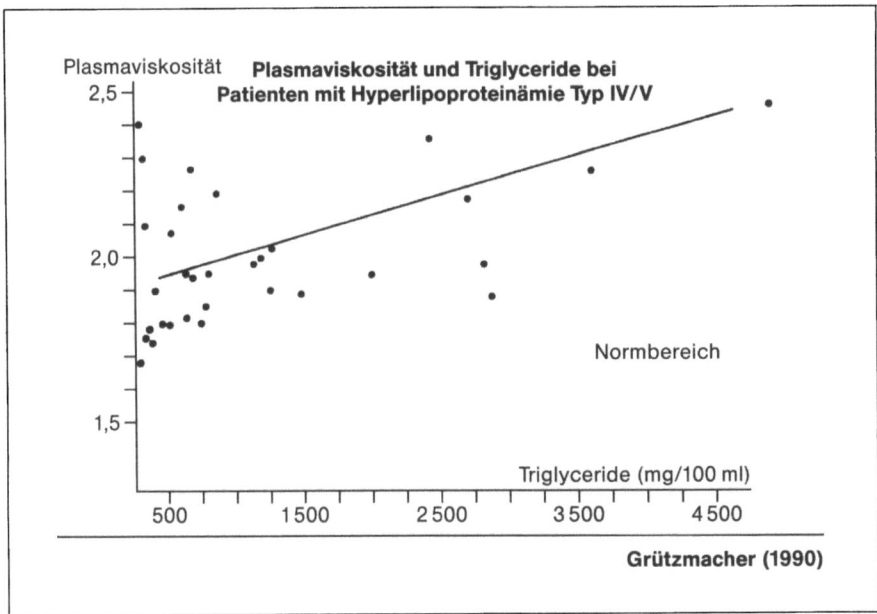

Abb. 1: Lipoproteine und Blutfließeigenschaften

Tonus der Arterienwand erhöhen. Glatte Muskelzellen haben Rezeptoren, die einen Faktor binden, der für die Wirkung des Wachstumshormons wichtig ist. Dieser IGF-Faktor (Insulin-like Growth Factor) wird in der Leber unter dem Einfluß des Wachstumshormons gebildet und hat einige Eigenschaften, die denen des Insulins ähnlich sind. Daher kann sich Insulin an die Rezeptoren setzen und die Proliferation anregen. Man weiß aus experimentellen Untersuchungen, daß eine hohe Insulinkonzentration - wie sie beim Hyperinsulinismus des Typ-II-Diabetes auftreten kann - schon ausreicht, um einen Proliferationsreiz auf die glatten Muskelzellen auszulösen.

Folgt man diesem Konzept, so kommt dem Hyperinsulinismus in der Tat eine fundamentale Bedeutung zu, da er sowohl einen Teil der Hypertriglyceridämie als auch der Hypertonie des Adipösen erklären könnte.

Insulin und seine Wirkung auf die Niere

Insulin hat eine weitere Funktion, die man erst in den letzten Jahren entdeckt hat - einen direkten Effekt auf die Natriumrückresorption im proximalen Tubulus. Dies könnte ein wesentlicher Faktor dafür sein, daß Hyperinsulinämiker ihr

Plasmavolumen und auch den Extrazellulärraum mit der Zeit erweitern und auf diese Weise, möglicherweise sogar unabhängig von der Adipositas, eine gewisse Tendenz zur Hypertonie aufweisen.

Mikrozirkulation und Lipoproteine

Die Konzentration triglyceridreicher Lipoproteine hat einen profunden Einfluß auf die Zirkulation in kleineren Gefäßen, insbesondere auf die Mikrozirkulation (Abb. 1). Eine Erhöhung von VLDL und Chylomikronen führt zu einem deutlichen Anstieg der Plasmaviskosität, in Verbindung damit auch zu einer deutlichen Aktivierung der Plättchenaggregation und der plasmatischen Gerinnungsvorgänge (Hemmung der Fibrinolyse). Der Kapillarfluß und der Fluß in kleineren Arteriolen oder Arterien wird vermindert, die Erythrozytenaggregationstendenz nimmt zu. Es kommt dann sekundär zu einer Störung der Gesamtblutviskosität im Sinne eines gestörten Sauerstoffaustausches.

Hypertonie und Prostaglandine

Auch im Bereich des Fettstoffwechsels wird der Hypertonus direkt in Form der Prostaglandine, die Fettsäuremetaboliten darstellen, beeinflußt. Man weiß seit

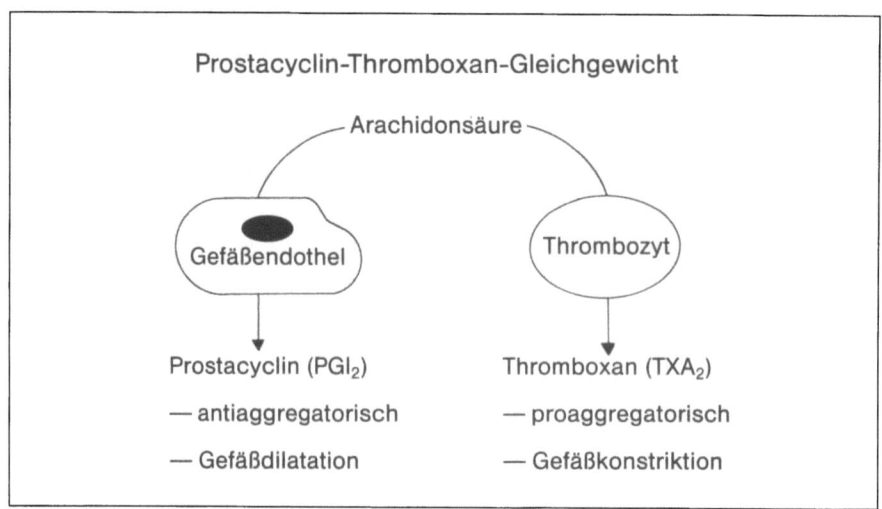

Abb. 2: Gleichgewicht zwischen Prostacyclin und Thromboxan mit seinen Auswirkungen auf die Gefäße

Prostacyclin-Thromboxan-Gleichgewicht und Blutfette

Normolipidämiker	Hyperlipidämiker
$PGI_2 > TXA_2$	$PGI_2 < TXA_2$
Gleichgewicht zugunsten der gefäßprotektiven Prostacyclinwirkung	Hyperreagibilität der Thrombozyten auf Aggregationsinduktoren, z. B. Kollagen, Adrenalin, ADP ==> Thromboxan- ▲ freisetzung

Abb. 3: Prostacyclin und Hyperlipidämie

einiger Zeit, daß Prostaglandine wesentlich zur Regelung der Durchblutung einzelner Organe beitragen, z. B. wird die Nierendurchblutung besonders fein durch die Gegenwart von Prostaglandinen in Rinde und Mark reguliert. Gleiches gilt für andere Organe. So wird beispielsweise auch die Durchblutung der Lunge durch Prostaglandine reguliert.
Hier spielen zwei antagonistische Prostaglandine eine besondere Rolle: Das Thromboxan, das von Plättchen gebildet wird, führt zu einer Vasokonstriktion. Prostacyclin, in den Endothelien der kleineren Gefäße gebildet, führt zur Dilatation (Abb. 2). Das Problem besteht jedoch darin, daß die Thromboxanbildung besonders bei Hyperlipidämikern erhöht sein kann. Nachweisbar ist dies vor allen Dingen bei Hypertriglyceridämikern. Beim Normolipidämiker dagegen findet man in der Regel ein Überwiegen der eher dilatierenden Wirkung des Prostacyclins (Abb. 3). Diese Verschiebung des Gleichgewichts wirkt sich ungünstig auf die Feindurchblutung der Organe, aber auch auf den systemischen Blutdruck aus.

Feinregulation und Fettsäurespektrum

Es ist natürlich eine wesentliche Frage, wie in diese Feinregulation des Blutdrucks eingegriffen werden kann - etwa durch Änderung des Fettsäurespektrums. Man kann die Aktivität der Produktbildung beispielsweise dadurch

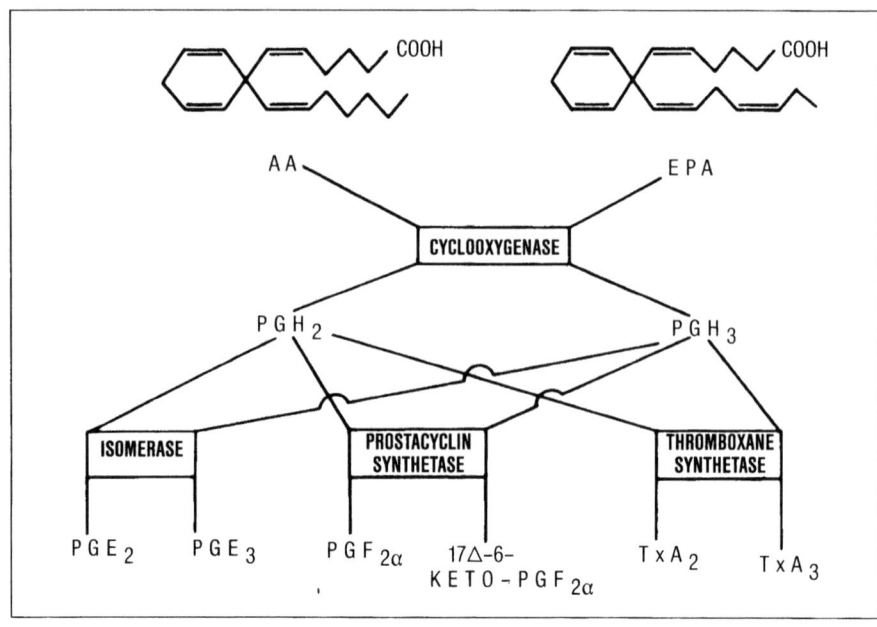

Abb. 4: Biologische Synthesewege im Prostaglandin/Thromboxan-Stoffwechsel

steuern, daß man verschiedene Phospholipide in die Membran einbaut. Wenn wir die Arachidonsäure (Omega-6-Fettsäure) als Ausgangspunkt für die Prostaglandinbildung nehmen, dann entstehen vor allen Dingen Thromboxan A_2 und Prostaglandin E_2. Sind hingegen Omega-3-Fettsäuren Ausgangspunkt, dann entstehen PGE_3 und Thromboxan A_3, die durch eine sehr viel geringere biologische Aktivität charakterisiert sind. Hier ergibt sich ein Ansatzpunkt für eine Therapie über die Fettsäuren (Abb. 4).

Das Thromboxan A_3, das aus Omega-3-Fettsäuren gebildet wird, ist nicht aggregatorisch und nicht vasokonstriktorisch. Dies erklärt den leichten, jedoch deutlich meßbaren blutdrucksenkenden Effekt nach Zufuhr kleinerer bis mittlerer Dosen von Fischöl. Der prostaglandinsenkende Effekt der Omega-3-Fettsäuren kann zusammen mit ihrer triglyceridsenkenden Wirkung bei Hypertonie und Hypertriglyceridämie eingesetzt werden. Auch bei der Gabe von Fibraten wurde neben dem markanten triglyceridsenkenden Effekt eine positive Beeinflussung des Prostaglandinstoffwechsels, vor allem der Thrombozyten, nachgewiesen.

Hypertriglyceridämie - Fibrate Mittel der ersten Wahl

An erster Stelle der Pharmakotherapie einer Hypertriglyceridämie stehen die Fibrate, weil sie nicht nur die Bildung von Triglyceriden, d. h. von VLDL-Partikeln, in der Leber vermindern, sondern vor allem auch, weil sie die Lipoproteinlipase aktivieren. Besonders erfolgversprechend hinsichtlich der postprandialen Phase wäre eine Kombination von Fibraten mit Omega-3-Fettsäuren.

Mikrozirkulation durch Fibrate positiv beeinflußt

Bei der Therapie mit Fibraten findet man interessanterweise auch Hinweise darauf, daß die Mikrozirkulation direkt beeinflußt werden kann. Die Fibrate sind in der Lage, das Fibrinogen um 20 - 30 % zu senken, was sicherlich eine gewisse Rolle bei der Verbesserung der Mikrozirkulation spielt, wie man im Thalliumszintigramm in Ruhe und vor allen Dingen unter Belastung nachweisen kann. Kritische Bereiche können eine Störung der Mikrozirkulation bei Hypertriglyceridämie in Gefäßprovinzen wie dem Myokard oder eventuell auch den Hirngefäßen bewirken, insbesondere wenn im letzteren Fall eine Vorschädigung durch eine lange bestehende Hypertonie vorliegt. Vor allem bei extensiver Hypertriglyceridämie (Chylomikronämiesyndrom) ist eine rasche Verminderung der Triglyceridkonzentration zur Verhinderung von Durchblutungsstörungen wichtig (Abb. 5).

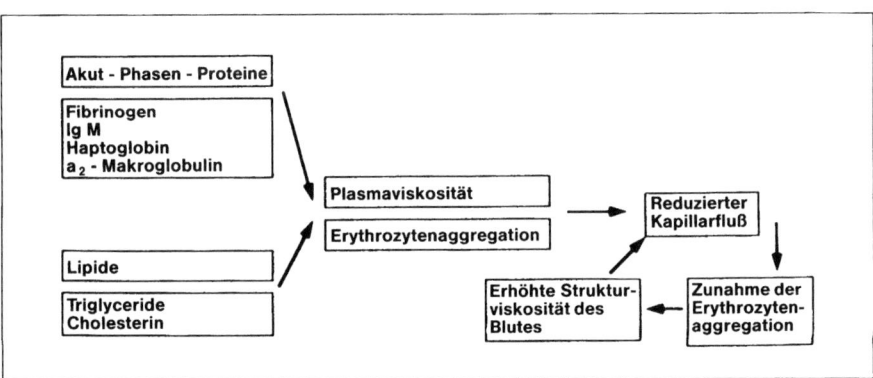

Abb. 5: Determinanten der rheologischen Parameter Plasmaviskosität und Erythrozytenaggregation. Rheologische Perfusionseinschränkung der Mikrozirkulation bei abnorm erhöhter Plasmaviskosität und Erythrozytenaggregation

Hypertonie und Triglyceride

Zur Behandlung des Hypertonus bei gleichzeitiger Hypertriglyceridämie werden oft Betablocker eingesetzt. Wir wissen jedoch, daß diese Substanzen - vor allen Dingen das Propranolol - relativ deutliche Effekte auf die Triglyceridspiegel haben (Abb. 6). Hier sind Veränderungen bis zu 40 % in der Literatur angegeben. Selektive Betablocker sind dagegen weniger aktiv, haben aber immer noch etwas die Tendenz, die Triglyceridkonzentration zu erhöhen. Die anderen, häufig verwandten antihypertonen Prinzipien, vor allen Dingen ACE-Hemmer, scheinen keinen wesentlichen Effekt auf die Fettstoffwechselparameter zu haben.

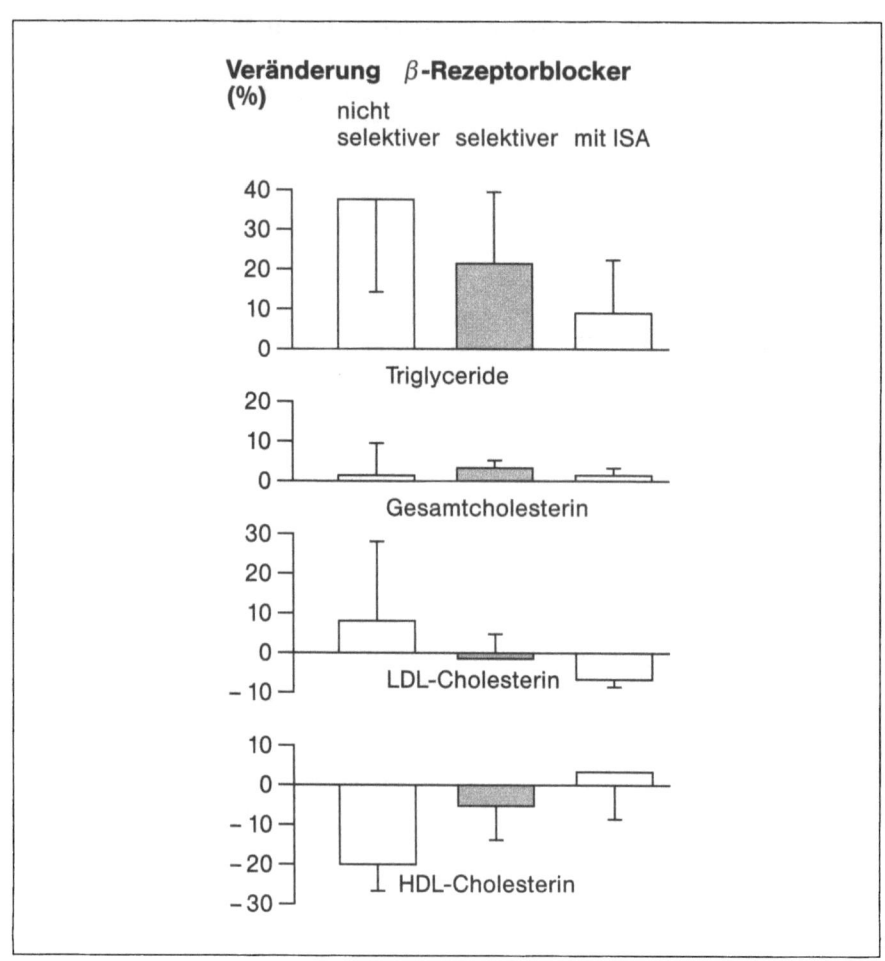

Abb. 6: Einflüsse auf den Lipidstoffwechsel durch Betarezeptorenblocker

Diabetes und Triglyceride

Prof. Dr. D. Sailer

Schon seit geraumer Zeit werden in der Diabetologie auch die Triglyceride zur Beurteilung der Einstellungsqualität herangezogen. Dabei gilt bei den Diabetologen seit Jahren für Triglyceride ein Grenzwert von 150 mg/dl. Die Lipidologen hingegen nehmen nach der Empfehlung der European Atherosclerosis Society derzeit 200 mg/dl als Grenzwert. Schon lange ist bekannt, daß bei einem schlecht eingestellten Diabetiker die Lipoproteine im Plasma in der Regel höher sind. Nicht selten bleibt jedoch auch bei optimal eingestellter diabetischer Stoffwechsellage eine „Rest"-Hyperlipoproteinämie bestehen. Die Unterscheidung, ob eine primäre oder eine sekundäre Hyperlipoproteinämie vorliegt, fällt dann besonders schwer. Die enge Verbindung von Diabetes, Hyperlipoproteinämie, Hypertonie, Adipositas und Hyperinsulinismus wird heute unter dem Stichwort „metabolisches Syndrom" diskutiert.

40 - 60 Prozent der Diabetiker weisen eine Hypertriglyceridämie auf

40 - 60 Prozent aller Diabetiker weisen erhöhte Lipoproteine auf. Nicht selten sind dabei neben den Triglyceriden auch das Cholesterin bzw. das LDL-

---

Pathomechanismen:

— Hyperinsulinismus
— Gesteigerte hepatische VLDL-Produktion
— Verminderter VLDL-Abbau durch verminderte Lipoproteinase-Aktivität (?)
— Verminderte Rezeptorbindung durch glykolisierte Lipoproteine (?)
— Autooxidation der Lipoproteine

Abb. 1: Pathomechanismen bei Diabetes mellitus und Hypertriglyceridämie

Cholesterin erhöht. Nach der PROCAM-Studie liegen bei immerhin 11 % der Diabetiker die Triglyceride über 500 mg/dl. Als Pathomechanismen für diese häufige Erhöhung der Triglyceride beim Typ-II-Diabetes werden zur Zeit verschiedene Mechanismen diskutiert (Abb. 1). Querschnittsuntersuchungen haben darüber hinaus gezeigt, daß mit erhöhten Triglyceriden regelmäßig erniedrigte HDL-Konzentrationen verbunden sind. Dies wurde sowohl in der Framingham- als auch in der PROCAM-Studie bestätigt.

Hyperinsulinismus steigert Triglyceride

Beim Hyperinsulinismus, der in der Diskussion zum metabolischen Syndrom eine zentrale Rolle einnimmt, führen erhöhte Insulinkonzentrationen bei gleichzeitigem Vorliegen einer peripheren Insulinresistenz dazu, daß der intrazelluläre Glukosetransport nur submaximal ablaufen kann. Es kommt zu einer Energieverarmung der Zelle. Diese weicht dann auf andere Energieresourcen aus. Es werden vermehrt Fette gespalten, freie Fettsäuren laufen zurück zur Leber und intrahepatisch kommt es zu einer vermehrten Produktion von VLDL. Die Folge davon ist eine meßbare Erhöhung der Triglyceride (Abb. 2).

Hyperinsulinismus und periphere Insulinresistenz

— Subnormaler intrazellulärer Glukosetransport
— Gesteigerte Lipolyse und Erhöhung der FFS
— Aus FFS und Insulin wird intrahepatisch vermehrt VLDL synthetisiert

---

Abb. 2: Hyperinsulinismus und seine Folgen bei Diabetes mellitus und Hypertriglyceridämie

Die Lipoproteinlipase-Aktivität (LPL), verantwortlich für den geordneten Katabolismus der Lipoproteine von VLDL über Intermediate-Density-Lipoproteins (IDL) zu Low-Density-Lipoproteins (LDL), ist beim Diabetiker vermindert. Als Ursache hierfür kommen primär die Hyperglykämie und der Hyperinsulinismus mit Insulinresistenz in Frage. Darüber hinaus findet man bei vielen Typ-II-Diabetikern verminderte körperliche Aktivität, was unmittelbar zu einer weiteren Reduzierung der Lipoproteinlipase-Aktivität führt. Auch Alkohol inhibiert die Aktivität der Lipoproteinlipase und kann zu einem weiteren, oft sogar sehr drastischen Anstieg der Triglyceride führen. Zunehmend werden mehr freie Fettsäuren aus der Peripherie in die Leber zurückströmen. Aus der verstärkten Synthese triglyceridreicher VLDL aus den überschüssigen freien Fettsäuren sowie dem verminderten VLDL-Katabolismus durch die reduzierte Lipoproteinlipase-Aktivität resultiert die regelmäßig zu findende Hyperlipoproteinämie beim Typ-II-Diabetes (Abb. 3). Auch Nierenerkrankungen, z.B. das nephrotische Syndrom, induzieren einen Aktivitätsverlust der Lipoproteinlipase und dadurch eine Hypertriglyceridämie. Ähnliches gilt bei der Hypothyreose, die bei Typ-II-Diabetes ohnehin nicht selten ist.

Pathomechanismen:

Verminderte Lipoproteinlipase-Aktivität findet man bei:

— Insulinresistenz und Insulinmangel
— Hyperglykämie
— Verminderter körperlicher Aktivität
— Alkohol
— Nierenerkrankungen
— Hypothyreose
— Verminderter Apo-C-II-Konzentration

→ Dadurch reduzierter VLDL-Abbau

Abb. 3: Verminderung der Lipoproteinlipaseaktivität bei Diabetes mellitus und Hypertriglyceridämie

Erhöhte Butzuckerwerte verändern die Struktur der Lipoproteine

Ein weiterer interessanter Punkt wird in der letzten Zeit zunehmend diskutiert: Die Änderung der chemischen Struktur der Lipoproteine, speziell der Apolipoproteine, durch erhöhte Blutzuckerkonzentration. Durch die Strukturänderung kann eine Reduzierung der Rezeptoraffinität eintreten, so daß Lipoproteine in der Peripherie, aber auch in der Leber, nicht mehr ausreichend katabolisiert werden können. Die Folge davon ist vor allem in einem verminderten Abbau der Lipoproteine zu sehen, was zu einer weiteren Anhäufung im Serum führt. Durch den erhöhten Blutzucker, so die Vorstellung, kommt es zu einer Glykolisierung der Proteinkomponenten in den Apolipoproteinen. Der

Glykolisierungsprozeß ist dabei von der mittleren Blutglukose abhängig: Je höher die Serumglukose, um so mehr Proteine werden glykolisiert. Dieser Vorgang entspricht in etwa dem HbA_{1c}, das üblicherweise beim Diabetes gemessen werden kann. Die Messung des Glykolisierungsprozesses an anderen Proteinen als dem Hämoglobin ist derzeit jedoch technisch sehr aufwendig und routinemäßig noch nicht üblich.

Oxidation der Lipoproteine erhöht Atherogenität

Diskutiert wird seit neuestem, ob sich durch die diabetische Stoffwechsellage der Oxidationszustand der Lipoproteine verändert. Tierexperimentell liegen einige Daten vor, die dies zu bestätigen scheinen. Bei diabetischen Tieren werden oxidativ die VLDL und die LDL verändert. Die Oxidation der Lipoproteine führt dazu, daß über die Rezeptoren nur ein verminderter Katabolismus möglich ist und daß vermehrt Lipoproteine über den sogenannten Scavenger-pathway abgebaut werden. Dies bedeutet nichts anderes, als daß vermehrt Lipoproteine durch Makrophagen aufgenommen werden. Die Atherogenität der Lipoproteine würde durch den beschriebenen Oxidationszustand also zunehmen. Dies könnte mit begründen, warum gerade Typ-II-Diabetiker bezüglich atherosklerotischer Komplikationen so gefährdet sind:
80 - 90 Prozent der Typ-II-Diabetiker sterben nicht im diabetischen Koma, sondern an den Folgen der Atherosklerose: Herzinfarkt, apoplektischer Insult, arterielle periphere Verschlußkrankheit. Im Gegensatz dazu sterben ca. 50 % der Durchschnittsbevölkerung an atherosklerotischen Erkrankungen.
Ein weiterer Punkt, der beachtet werden muß, ist der postprandiale Lipoproteinstoffwechsel. Auch dieser scheint beim Diabetiker durch Verminderung der LPL-Aktivität gestört zu sein, so daß vermehrt triglyceridreiche Lipoproteine im Plasma zirkulieren. Triglyceridreiche Lipoproteine, die man beim Diabetiker erhöht findet, sind Chylomikronen bzw. Chylomikronen-remnants, VLDL und teilabgebaute VLDL, die sogenannten Beta-VLDL. Zumindest von den Beta-VLDL wissen wir heute sehr genau, daß sie beim Diabetiker verstärkt vorkommen, ebenso kennen wir die Tatsache, daß die postprandiale Klärung bei Diabetikern reduziert ist. Beta-VLDL sind relativ cholesterinreich und hoch atherogen. Im Gegensatz zu den normalen triglyceridreichen VLDL, deren Atherogenität derzeit noch nicht eindeutig belegt ist, haben also die cholesterinreichen Beta-VLDL ein völlig anderes Risiko.

Optimale Blutzuckereinstellung und Reduktion der Insulinresistenz

Bei der Therapie des Diabetes mellitus steht die optimale Blutzuckereinstellung an allererster Stelle, wobei man wegen der Gefahr des Hyperinsulinismus bei Typ-II-Diabetes besonders zurückhaltend mit Beta-zytotropen Substanzen sein soll. Beta-zytotrope Substanzen, die in der Lage sind, die zirkulierende Insulinmenge weiter zu erhöhen, können den bereits bestehenden Hyperinsulinismus und die bestehende Insulinresistenz verstärken. Auch subkutan appliziertes Insulin führt natürlicherweise dazu, daß die zirkulierende Insulinmenge weiter ansteigt. Die therapeutische Konsequenz beim Typ-II-Diabetes kann nur sein, die diabetische Stoffwechsellage so lange wie möglich mit gewichtsreduzierenden Maßnahmen und Ernährungsumstellung zu beeinflussen. Substanzen, die nicht Beta-zytotrop wirken, werden in den nächsten Jahren bei Diabetikern mit Sicherheit mehr an Bedeutung gewinnen. Bei uns in Deutschland sind zur Zeit Biguanide in Form des Metformins zugelassen, jedoch ist derzeit keine Monotherapie mit Metformin erlaubt. Seit neuestem steht auch die Acarbose zur Verfügung, eine Substanz, die in der Lage ist, die Glukoseabsorption im Dünndarm zu reduzieren.

Grundsätzlich gilt bei der Pharmakotherapie des Typ-II-Diabetes, daß nach Möglichkeit ein Hyperinsulinismus vermieden und die Insulinresistenz abgebaut werden soll. Dazu kann die Steigerung der körperlichen Aktivität, neben den oben beschriebenen therapeutischen Ansätzen, wesentlich beitragen (Abb. 4).

Allgemeine Maßnahmen:

— Optimale Blutzuckereinstellung
— Zurückhaltung mit ß-zytotropen Substanzen
— Normalisierung des Körpergewichtes
— Reduktion des Alkoholkonsums
— Steigerung der körperlichen Aktivität
— Vorsicht mit Diuretika, ß-Blockern, Kontrazeptiva und Steroiden
— Ausschluß sekundärer Formen (Hypothyreose)
— Reduzieren des atherogenen Risikoprofils, z.B. Nikotin, Hypertonie

---

Abb. 4: Therapeutische Maßnahmen bei Diabetes mellitus und Hypertriglyceridämie

Das metabolische Syndrom sowie die komplexe Betrachtung des gestörten Intermediärstoffwechsels gewinnen derzeit immer mehr an Bedeutung. Es läßt sich jedoch noch nicht definitiv sagen, ob primär die Insulinresistenz oder primär der Hyperinsulinismus im Vordergrund steht. Wahrscheinlich ist jedoch die Insulinresistenz, die möglicherweise vererbt wird, ursächlich für den Hyperinsulinismus. Hyperinsulinismus führt darüber hinaus zu Adipositas und, wie vor einigen Jahren gezeigt werden konnte, auch zu Hypertonie.

Zwei Drittel der Diabetiker sind übergewichtig

Ein weiterer ganz wesentlicher und zu vertiefender Punkt bei der Diabetestherapie ist die Reduktion des Körpergewichtes. Ungefähr 60 - 70 Prozent der Typ-II-Diabetiker sind übergewichtig. Wenn es gelingt, die Adipositas zu reduzieren, dann wird die Insulinresistenz geringer und der Diabetes besser einstellbar. Der Fettstoffwechsel und die Hypertonie werden sich darunter ebenfalls verbessern.

Empirisch hat man schon während der letzten 100 Jahre alle Einzelerscheinungen des sogenannten metabolischen Syndroms (Adipositas, Hypertonie, Diabetes mellitus Typ II, Hyperlipoproteinämie) durch Gewichtsreduktion und Steigerung der körperlichen Aktivität therapiert. Dies beweist die gemeinsame Grundlage dieses Syndroms.

Körperliche Aktivität ist die effektivste Maßnahme, die protektive HDL-Fraktion zu erhöhen, die ja gerade beim Diabetes mellitus mit konsekutiver Hypertriglyceridämie vermindert ist. Die Steigerung der körperlichen Aktivität ist neben der Reduktion des Körpergewichtes eine der wenigen Möglichkeiten, die periphere Insulinresistenz zu durchbrechen.

Ein ganz wesentlicher Punkt beim Diabetes ist auch die Behandlung der assoziiert auftretenden Erkrankungen. Von besonderer Bedeutung ist, daß einige Substanzen sowohl den Glukose- als auch den Lipidstoffwechsel verschlechtern können und unter Umständen das metabolische Syndrom verstärken. Hierzu zählen vor allem alle Diuretika, ß-Blocker, Steroide und Hormonpräparate.

Hypertriglyceridämie beim Diabetes mellitus: Fibrate sind Mittel der ersten Wahl

Zur Behandlung der Hypertriglyceridämie beim Diabetes kommen nur zwei Medikamentengruppen in Frage: Nikotinsäurederivate und Fibrate. Nikotinsäure hemmt die Lipolyse und vermindert die VLDL-Produktion. Sie blockiert den Rückstrom von freien Fettsäuren zur Leber, die intrahepatisch wieder zu VLDL aufgebaut werden, und blockt intrahepatisch die Produktion der triglyceridreichen VLDL-Fraktion. Das Handicap der Nikotinsäure bzw. der Nikotinsäurederivate ist die Dosis, die verabreicht werden muß - rund 2 - 6 g/die. Nahezu bei allen Patienten treten unter dieser Dosierung gastrointestinale Beschwerden, ein Anstieg der Transaminasen, vor allem aber eine Flush-Symptomatik auf. Dieses Nebenwirkungsprofil limitiert den Einsatz der Nikotinsäure in der Therapie ganz erheblich. Abhängig vom Präparatetyp ist nicht selten eine Verschlechterung der Glukosetoleranz und der Harnsäure zu beobachten.

Fibrate vermindern die VLDL-Produktion und -Sekretion und führen zusätzlich noch zu einem **beschleunigten Abbau der VLDL** durch **Steigerung der Lipoproteinlipase-Aktivität,** die ja ohnehin beim Diabetes mellitus vermindert ist. Gleichzeitig werden durch den vermehrten Abbau der Remnants sogenannte **Surface remnants produziert,** die zu einer **Steigerung des HDL-Cholesterins** führen können. Zusätzlich haben Fibrate gerade beim Typ-II-Diabetes durch die **Verminderung der Plättchenaggregation** und den **Abfall des Plasmafibrinogens** einen ganz entscheidenden positiven Einfluß auf die Blutgerinnung. Dadurch werden die rheologischen Eigenschaften wesentlich günstiger. Neue Derivate, wie das Etofyllinclofibrat, die eine sehr geringe Toxizität besitzen, sind daher besonders bei multimorbiden Patienten Mittel der ersten Wahl.

Ernährung bei Hypertriglyceridämie

Prof. Dr. G. Wolfram

Triglycerid-Serumkonzentrationen von mehr als 200 mg/dl zählen zum Grenzbereich einer Hypertriglyceridämie, Werte ab 500 mg/dl gelten als Hypertriglyceridämie mit erhöhtem Pankreatitisrisiko. Ursachen hierfür können genetische Defekte und/oder eine falsche Lebensweise sein, wie eine zu energie- und zu fettreiche Ernährung und der zu hohe Konsum von Alkohol vor allem in den Industrienationen.

Die Situation bei der Fettzufuhr ist unerfreulich: das Gesamtfett sollte maximal 30 Prozent der täglichen Kalorienzufuhr betragen, tatsächlich sind es aber 38 Prozent - mit einem viel zu hohen Anteil gesättigter Fettsäuren. Wird in Empfehlungen allgemein eine tägliche Aufnahme von maximal 300 mg Cholesterin angestrebt, liegt dieser Wert im bundesdeutschen Durchschnitt weitaus höher, nämlich bei rund 490 mg Cholesterin. Im Durchschnitt werden mehr als 30 g Alkohol pro Tag getrunken.

Stoffwechsel und Atherogenität der Triglyceride

Unter Spaltung der Triglyceride (TG) in freie Fettsäuren als hochenergetische Substrate des Energiestoffwechsels werden Chylomikronen durch die Lipoproteinlipase zu „Core remnants" und „Surface remnants" abgebaut. Überschüssige Fettsäuren werden im Fettgewebe eingelagert. Während die Leber die Core remnants aufnimmt, entstehen aus den Surface remnants die protektiven High density lipoproteins (HDL). Im Nüchternserum werden die TG zur VLDL-Produktion nahezu vollständig von der Leber aus Glukose und aus freien Fettsäuren aus dem Fettgewebe aufgebaut. Alkohol steigert die Synthese und hemmt den Abbau von Triglyceriden. VLDL werden über das Zwischenprodukt Intermediate density lipoproteins (IDL) zu cholesterinreichen LDL metabolisiert.

Um die Atherogenität der Triglyceride einschätzen zu können, muß beachtet werden, daß erhöhte Triglyceridwerte zu einer Verminderung der Fluidität des

Blutes führen. Hinzu kommt, daß aufgrund der engen Verbindung zwischen dem Stoffwechsel der KHK-protektiven HDL und dem Abbau der triglyceridreichen VLDL bei erhöhtem VLDL-Spiegel das HDL meist erniedrigt ist.

Ernährung bei Hypertriglyceridämie

Die Ernährungstherapie bei Hypertriglyceridämien hat sich nach der Entstehung und Art der triglyceridreichen Lipoproteine zu richten, deren Konzentration im Serum erhöht ist. Für die Intensität der Ernährungstherapie ist nicht allein der Triglyceridwert im Serum entscheidend, sondern die oben angesprochene Lipoproteinkonstellation aus VLDL, IDL und LDL. Prinzipiell sollte für das ernährungstherapeutische Vorgehen zwischen den seltenen exogenen und den wesentlich häufiger auftretenden endogenen Hypertriglyceridämien unterschieden werden, auch wenn eine richtige und vernünftige Ernährung bei allen Formen von Hyperlipoproteinämie therapeutisch wirksam ist (Abb. 1). Die bei exogener Hypertriglyceridämie vermehrt vorliegenden Chylomikronen

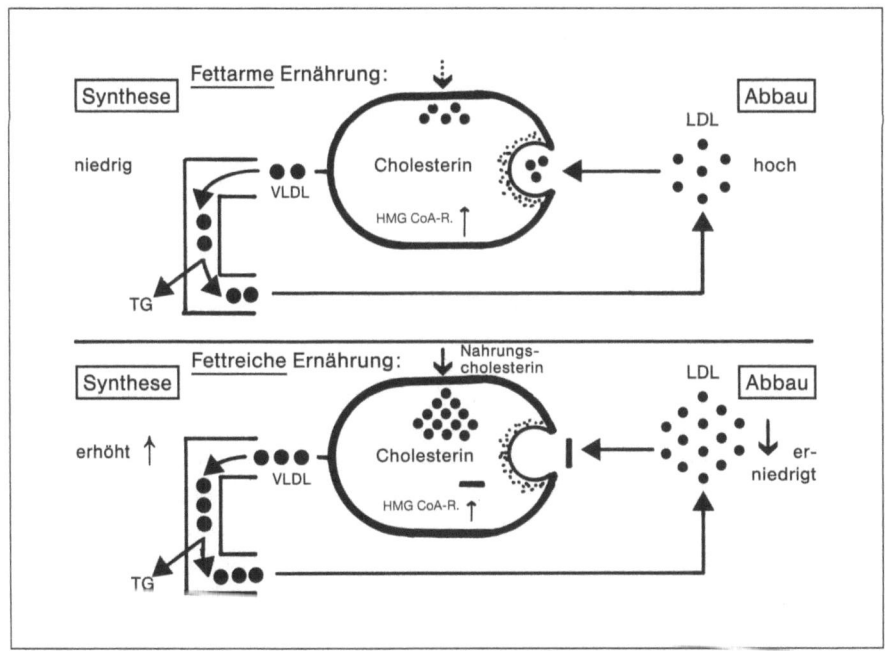

Abb. 1: Einfluß der Ernährung auf die verschiedenen Lipoproteine

sind nicht so atherogen wie VLDL oder IDL, bergen jedoch das Risiko einer Pankreatitis in sich. Endogene Hypertriglyceridämien kommen als verschiedene Phänotypen bei unterschiedlichen Genotypen vor. Die größte ernährungstherapeutische Aufmerksamkeit erfordern Hypertriglyceridämien mit vermehrtem VLDL, aber auch vermehrtem IDL und LDL, zuweilen auch erhöhtem Apo-B und niedrigen HDL-Werten. Hier spielt auch die Fettzufuhr eine Rolle.
Dieses Lipoproteinmuster kann man bei Patienten mit familiärer kombinierter Hyperlipidämie und mit Dysbeta-Lipoproteinämie finden. Als Grundlage der Ernährungstherapie gelten hier die Gewichtsreduktion und das Meiden von Alkohol. Durch Fettmodifikation - das heißt erhöhter Anteil mehrfach ungesättigter Fettsäuren - werden IDL und auch LDL günstig beeinflußt. Zusätzlich zu den Omega-6-Fettsäuren haben in diesen Fällen Omega-3-Fettsäuren eine therapeutische Bedeutung gewonnen.

Alkohol und Hypertriglyceridämie

Generell hat sich für die Behandlung der exogenen Hypertriglyceridämie (Hyperlipoproteinämie Typ I) der Ersatz langkettiger Fettsäuren durch mittelkettige Fettsäuren bewährt. Bei Hypertriglyceridämie (Hyperlipoproteinämie Typ IV und V) ist das Meiden von Alkohol wichtig. Alkohol ist doppelt schädlich: Er steigert die Synthese von Triglyceriden in der Leber, verringert aber andererseits deren Abbau durch Hemmung der Lipoproteinlipase. Alkohol verstärkt bei Patienten auch die postprandiale Hyperlipidämie (Abb. 2).

Welche Rolle spielen die Kohlenhydrate?

Eine mäßige Hypertriglyceridämie mit niedrigem LDL- und hohem HDL-Cholesterin kann man bei einer sehr fettarmen, kohlenhydratreichen Ernährung beobachten. Hier sind keine weiteren therapeutischen Maßnahmen notwendig. Demgegenüber ist eine massiv kohlenhydratinduzierte Hypertriglyceridämie eine sehr seltene Beobachtung, die meist in Verbindung mit Fettsucht auftritt und durch erhöhten Konsum von Fett, Zucker und Alkohol deutlich verstärkt wird. Die logische therapeutische Konsequenz ist die Verminderung der Energie-, Fett-, Zucker- und Alkoholzufuhr.
Eine wichtige Rolle spielen in diesem Zusammenhang die Ballaststoffe, nicht nur hinsichtlich ihrer Gallensäurebindung und Cholesterinabsorption. Ballaststoffe senken die Energiedichte der gesamten Nahrung ab, führen

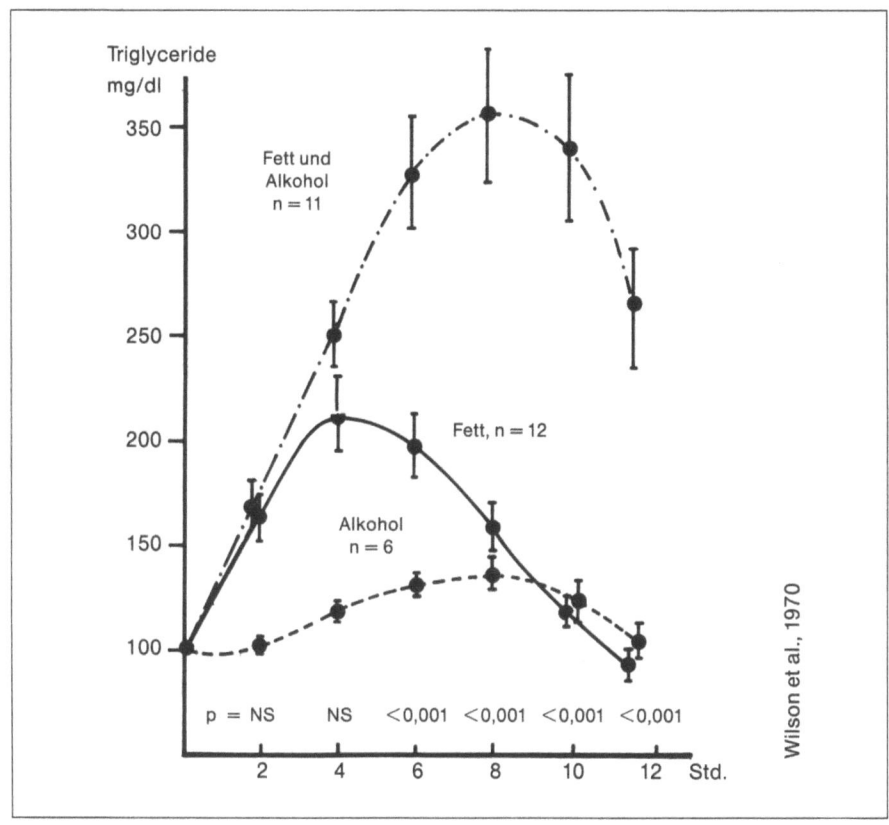

Abb. 2: Effekte von Fett und Alkohol auf den Triglyceridspiegel

rascher zu einem Sättigungsgefühl und verringern auch die Aufnahme von Fetten. Die empfohlene Menge Ballaststoffe sind 30 g am Tag, die durchschnittliche Zufuhr in Deutschland liegt bei nur 20 - 22 g. Besonders wirksame Ballaststoffe für Hyperlipoproteinämien sind beispielsweise Pektin und Guar.

Ziel Nr. 1 - Reduktion des Körpergewichts

Entscheidend bei der Behandlung von Hypertriglyceridämien ist die Reduktion des Körpergewichts. Untersuchungen haben gezeigt, daß die Produktionsrate von VLDL-Triglyceriden durch eine Gewichtsreduktion deutlich meßbar zurückgeht. Es genügen hier in der Regel schon zwei bis drei Kilo als Initialschub, damit die Triglyceride absinken. Die großen Fettzellen setzen beständig Fettsäuren frei, die von der Leber nur zu einem gewissen Prozentsatz verarbeitet werden können. So wie die Ernährungsumstellung zu einer Reduktion derjenigen Fettsäuren führt, die von außen aufgenommen werden, führt die Gewichtsreduktion dazu, daß nach Erreichen eines niedrigeren Körpergewichts weniger Fettsäuren aus dem Fettgewebe ins Plasma freigesetzt werden.

Zusammenfassend sind bei einer Hypertriglyceridämie eine Gewichtsreduktion und eine Umstellung der Ernährung von Lebensmitteln tierischer Herkunft auf Lebensmittel pflanzlicher Herkunft mit einem geringen Gehalt an Energie, Fett sowie Cholesterin erfolgreich. Darüber hinaus werden die Hypertriglyceridämien durch Verzicht auf Alkohol und Fettmodifikation günstig beeinflußt.

Medikamentöse Therapie der Hypertriglyceridämie

Priv.-Doz. Dr. W. O. Richter

An ein Medikament zur Therapie einer Hypertriglyceridämie sind verschiedene Forderungen zu stellen. Erstens sollte die atherogene Lipoproteinkonstellation positiv beeinflußt werden, das ist bei Hypertriglyceridämien die Senkung von VLDL, VLDL-remnants und Chylomikronenremnants. Zweitens müssen akute Komplikationen vermieden werden, denn bei Triglyceridwerten ab etwa 1 000 mg/dl kommt es durch das stark erhöhte Auftreten von Chylomikronen zur massiven Verschlechterung der Plasmaviskosität. Es können Werte erreicht werden, wie wir sie bei Morbus Wallenström kennen. Das Pankreas reagiert besonders empfindlich auf die Änderung der Plasmaviskosität (Determinante der Mikrozirkulation). Dabei treten oft schwer verlaufende Pankreatitiden auf, da die Chylomikronämie als auslösendes Prinzip über Tage hinweg bestehen kann.

Weitere Forderungen an ein Hyperlipidämikon sind:

— keine schwerwiegenden Nebenwirkungen,
— positive Beeinflussung anderer Mechanismen im Rahmen der Atheroskleroseentstehung,
— Verhinderung der Progression bzw. Regression atherosklerotischer Läsionen.

Unter Fibraten Senkung der Reinfarkte um 47 %

Welchen Effekt hat die medikamentöse Behandlung auf den Verlauf oder die Entstehung einer koronaren Herzerkrankung? Ergebnisse von Langzeitstudien dieser Art liegen derzeit nicht vor. In Stockholm jedoch wurden im Rahmen einer sekundären Interventionsstudie 555 Patienten nach dem Herzinfarkt entweder mit Plazebo oder mit Clofibrat und Nikotinsäure behandelt.

Innerhalb von fünf Jahren kam es unter Plazebo zu 44, unter Medikamenten zu nur 23 Reinfarkten. Die Medikamente bewirkten also eine Reduktion um 47 %. In der Gruppe, bei der die Triglyceride um mehr als ein Drittel reduziert werden konnten, wurde die Häufigkeit an erneuten koronaren Ereignissen sogar um 60 % gesenkt - ein deutlicher Hinweis, daß eine vernünftige und gezielte Senkung von Triglyceriden auch positiv in den Verlauf der atherosklerotischen Erkrankung eingreift.

Fibrate - Mittel der Wahl

Mittel der Wahl zur Behandlung von Hypertriglyceridämien sind die Fibrate. Hier sind triglyceridsenkende Effekte um bis zu 70 % beschrieben worden. Je höher die Ausgangswerte, um so günstiger ist in der Regel der Einfluß. Fibrate greifen multifaktoriell in den Fettstoffwechsel ein. Zum einen hemmen sie die **Lipolyse im peripheren Fettgewebe.** Das heißt, die Konzentration an freien Fettsäuren im Blut nimmt ab, der Zustrom freier Fettsäuren zur Leber verringert sich. Folge ist eine verringerte VLDL-Sekretion aus der Leber. Neben dieser positiven Wirkung bei der Produktion der VLDL haben Fibrate durch eine **Stimulation der Lipoproteinlipase (LPL)** auch einen günstigen Effekt auf den VLDL-Katabolismus. Das Enzym LPL ist für den Abbau der VLDL über die Lipoproteine intermediärer Dichte (IDL) zu den Low density lipoproteins (LDL) verantwortlich.

Makrophagenaufnahme von LDL um 70 % gesenkt

Bei Hypertriglyceridämien ist der nicht LDL-Rezeptor-abhängige Katabolismus gesteigert, d. h. es werden vermehrt LDL von den Scavenger-Zellen eliminiert. Durch Veränderung dieser Scavenger-Zellen - in erster Linie Makrophagen - zu Schaumzellen kann eine Atherombildung eingeleitet oder beschleunigt werden. Hier greifen Fibrate ebenfalls positiv ein, sie senken die Aufnahme von LDL in die Makrophagen drastisch. Verringerungen bis zu 70 % sind gemessen worden.

Deutliche Steigerung des protektiven HDL-Cholesterins

Alle Fibrate weisen einen sehr günstigen Effekt auf das HDL-Cholesterin auf. Dies hängt direkt mit der Reduzierung der Triglyceride zusammen. Die starke Senkung des VLDL-Cholesterins führt andererseits zu einem Anstieg des LDL-

Cholesterins. Gründe hierfür sind zum einen der vermehrte Abbau von VLDL zu LDL durch Aktivierung der Lipoproteinlipase und zum anderen die Verringerung des nicht rezeptorabhängigen Abbaus der LDL - im Hinblick auf die Arteriosklerose ein günstiger Effekt. Fibrate haben auch, zumindest ist das im Tierexperiment gezeigt worden, eine gering hemmende Wirkung der Cholesterin-Biosynthese. Das heißt, **sie hemmen die Aktivität der HMG-CoA-Reduktase.**

Therapie der Typ-III-HLP

Die Substanzgruppe der Fibrate wirkt nicht nur bei der Hypertriglyceridämie sehr günstig, sondern auch bei der familiären Dysbeta-Lipoproteinämie, der Typ-III-Hyperlipoproteinämie nach FREDRICKSEN. Hier kann man bei **Cholesterin und Triglyceriden Senkungen von etwa 60 %** erreichen. Dabei wird nicht nur der absolute Spiegel an Triglyceriden oder an VLDL-Cholesterin gesenkt, es wird auch die Zusammensetzung der Lipoproteine verbessert. Beispielsweise kann durch die Fibratbehandlung bei der familiären Dysbeta-Lipoproteinämie der Apolipoprotein-B-Gehalt in den Lipoproteinen deutlich reduziert werden.

Zusatzeffekte der Fibratbehandlung

Außer dem direkten Einfluß auf den Stoffwechsel ist für Fibrate eine Reihe günstiger Nebeneffekte beschrieben worden: Sie können das **Fibrinogen senken, verbessern die Glukosetoleranz, die Vollblut- bzw. Plasmaviskosität** und führen zu einer **Harnsäuresenkung**. Der letzte Punkt ist allerdings nur für Fenofibrat und Etofyllinclofibrat nachgewiesen. Ein direkter Einfluß von Fibraten auf die Stoffwechsellage des Diabetikers und die Insulinsensitivität konnte bislang nicht belegt werden. Der nachgewiesene, positive Effekt auf den Diabetes mellitus läuft über den Mechanismus „Senkung der Triglyceride".

Gute Verträglichkeit auch bei Langzeitbehandlung

Bei den Nebenwirkungen läßt sich für Fibrate zusammenfassend eine gute Verträglichkeit attestieren. Es können u. U. gastrointestinale Störungen auftreten. Im Vergleich zur Ausgangssubstanz, dem Clofibrat, sind sie bei neueren Entwicklungen wie Etofyllinclofibrat jedoch relativ selten. Häufiger wurde ein mäßiger Anstieg der Transaminasenwerte beobachtet, der jedoch nicht zum Absetzen der Behandlung führen muß. Schwere Leberschädigungen sind bei Fibraten eine extreme Rarität, sie beruhen in der Regel auf Behandlungsfehlern, wenn z. B. eine drei- bis vierfach zu hohe Dosis verabreicht wurde. Ein leichter Anstieg des Kreatinins und des Harnstoffes wurde ebenso beschrieben wie der Abfall von Gamma-GT und alkalischer Phosphatase. Aufgrund der hohen Eiweißbindung kann es zu Interferenzen mit der Wirkung anderer Medikamente kommen. Hier steht das Phenprocoumon, also das Marcumar® im Vordergrund. Aber auch z. B. die Sulfonylharnstoffe können aus der Eiweißbindung verdrängt werden. Das muß vor allem bei der Behandlung von Diabetikern beachtet werden.

Nikotinsäure - eine Alternative?

Die zweite Substanz, die zur Behandlung von Hypertriglyceridämien eingesetzt werden kann, ist die Nikotinsäure. Sie hemmt ebenso wie die Fibrate die Lipolyse im peripheren Fettgewebe. Entsprechend verringert sich der Zustrom freier Fettsäuren zur Leber, die VLDL-Produktion nimmt ab. Darüber hinaus steigert Nikotinsäure die Triglyceridsynthese in der Fettzelle. Der Effekt der Nikotinsäure auf die Triglyceride ist in der maximalen Dosierung etwa gleich stark wie jener der Fibrate. Günstig im Hinblick auf die Arteriosklerose ist auch bei der Nikotinsäure der Effekt auf das HDL-Cholesterin. Interessanterweise gibt es Untersuchungen, die gezeigt haben, daß unter Nikotinsäure das Lipoprotein (a) leicht gesenkt werden kann.

Verschlechterung der Insulinsensitivität

Gerade bei der Behandlung der Hypertriglyceridämie in Verbindung mit einer diabetischen Stoffwechsellage ist aber zu beachten, daß Nikotinsäure nahezu obligat die Insulinsensitivität verschlechtert.
Die Behandlung von sekundären Hyperlipidämien bei Diabetes mellitus durch Nikotinsäure sollte unter diesen Voraussetzungen nur unter sehr großen Vorsichtsmaßnahmen erfolgen. Grundsätzlich stellen beim Vorliegen des Diabetes mellitus eher andere Medikamente, d. h. Fibrate, die Mittel der Wahl dar.
Nikotinsäure und ihre Derivate zeigen - wie die Fibrate - günstige Effekte auf das Fibrinogen und auf die Vollblutviskosität, während ihr Einfluß auf die Mikrozirkulation geringer ist.

Hauptnebenwirkung - der Flush

Der Flush ist als unangenehme Nebenwirkung der Nikotinsäure bekannt. Es gibt Statistiken, z. B. aus Skandinavien, die gezeigt haben, daß bis zu 90 % der Patienten die Einnahme des Medikamentes wegen des auftretenden Hitzegefühls und der Hautrötung ablehnen. Andere Nebenwirkungen der Nikotinsäure sind Urtikaria, aber auch Abdominalbeschwerden, insbesondere Oberbauchbeschwerden. Man empfiehlt daher, die Nikotinsäure nicht auf nüchternen Magen einzunehmen, sondern zum Essen. Die Leberenzyme steigen meist obligat an, bei etwa 5 - 10 % der Patienten steigen sie derart, daß ein Absetzen der Therapie erfolgen muß. Das Problem der Verschlechterung der Glukosetoleranz wurde bereits angesprochen. Bei etwa 20 % der behandelten Patienten kommt es zu einem deutlichen Anstieg der Harnsäure, so daß beide Parameter - Glukose und Harnsäure - unter Therapie kontrolliert werden müssen.

Fischöle und ihr möglicher Wirkmechanismus

Zu den beiden pharmakologischen Substanzen, die bei Hypertriglyceridämien eingesetzt werden können, kommen als dritte Gruppe die Fischöle. Die möglichen Wirkungsmechanismen der Omega-3-Fettsäure sind u. a. eine Hemmung der peripheren Lipolyse ähnlich wie bei Nikotinsäure und Fibraten. Das kann man zumindest in vitro nachweisen. Daneben bewirken Fischöle eine leichte Steigerung der Lipoproteinlipaseaktivität, eine vermehrte LDL-Aufnahme in die Gewebe, einen vermehrten Gallefluß und eine erhöhte Cholesterinausscheidung der Galle. Somit können für Omega-3-Fettsäuren komplexe Wirkungsmechanismen nachgewiesen werden.
Omega-3-Fettsäuren haben eine Reihe von Effekten auch in anderen Bereichen der Atherosklerose: Thromboxan A2, das aggregatorisch und vasokonstriktorisch wirkt, wird wie die Arachidonsäure gesenkt. Gleiches gilt für das Leukotrien B4, das chemotaktisch wirkt. Die aggregatorisch und vasodilatatorisch wirkenden Prostacycline werden erhöht. Hohe Dosen von Omega-3-Fettsäuren haben einen günstigen Einfluß auf den Blutdruck.
In der Klinik haben wir Fischöle in einer sehr hohen Dosierung bei Patienten mit Chylomikronämiesyndrom eingesetzt. Die Triglyceridwerte lagen vor Behandlung bei etwa 1 800 mg/dl. Durch die Gabe von 6 g Fischöl/Tag konnten über einen Zeitraum von etwa drei Monaten Werte von rund 750 mg/dl erreicht werden. In unserer Untersuchung kam es allerdings bei etwa einem Viertel der behandelten Patienten gleichzeitig zu einem massiven Anstieg des LDL-Cholesterins (von etwa 120 auf 280 mg/dl). Es entsteht das Problem, daß man

das Risiko der Hypertriglyceridämie gegen das Risiko einer deutlichen LDL-Cholesterinerhöhung vertauscht.

Kein Einsatz von Fischölen beim Diabetes mellitus

Bei diabetischer Stoffwechsellage sollten Hyperlipidämien nicht mit Fischölen behandelt werden. Es gibt eine Reihe von Studien, die belegt haben, daß unter Behandlung mit Omega-3-Fettsäuren das LDL-Cholesterin ansteigt und das HDL-Cholesterin abfällt, so daß ein negativer Einfluß auf den LDL/HDL-Quotienten feststellbar ist. Omega-3-Fettsäuren können zusätzlich die diabetische Stoffwechsellage negativ beeinflussen oder überhaupt zur Manifestation eines Diabetes mellitus führen.

MIX
Papier aus verantwortungsvollen Quellen
Paper from responsible sources
FSC® C105338

If you have any concerns about our products,
you can contact us on
ProductSafety@springernature.com

In case Publisher is established outside the EU,
the EU authorized representative is:
**Springer Nature Customer Service Center GmbH
Europaplatz 3, 69115 Heidelberg, Germany**

Printed by Libri Plureos GmbH
in Hamburg, Germany